Be yourself, Don't worry about what others think.

做自己就好，何必非要做天使

突破人生限制的88句开悟小语

[日本]长泽玲子 著　　马晓玲 译

时代出版传媒股份有限公司
北京时代华文书局

图书在版编目（CIP）数据

做自己就好，何必非要做天使 / (日) 长泽玲子著 ; 马晓玲译 . -- 北京 : 北京时代华文书局 , 2014.6
ISBN 978-7-80769-657-5

Ⅰ . ①做… Ⅱ . ①长… ②马… Ⅲ . ①成功心理－通俗读物 Ⅳ . ① B848.4-49

中国版本图书馆 CIP 数据核字 (2014) 第 109929 号

北京市版权局著作权合同登记号 图字：01-2014-2570

做自己就好，何必非要做天使

著　　者 | (日) 长泽玲子
译　　者 | 马晓玲

出 版 人 | 田海明 朱智润
策划监制 | 林少波
责任编辑 | 张彦翔
装帧设计 | 壹品堂 王艾迪
责任印制 | 訾　敬

出版发行 | 时代出版传媒股份有限公司 http://www.press-mart.com
北京时代华文书局 http://www.bjsdsj.com.cn
北京市东城区安定门外大街 136 号皇城国际大厦 A 座 8 楼
邮编：100011　电话：010－64267120　64267397
印　　刷 | 北京卡乐富印刷有限公司　010-60200572 转 8007
（如发现印装质量问题，请与印刷厂联系调换）
开　　本 | 880×1230mm　1/32
印　　张 | 6　　插　页 4
字　　数 | 89 千字
版　　次 | 2014 年 7 月第 1 版　　2014 年 7 月第 1 次印刷
书　　号 | ISBN 978-7-80769-657-5

定　　价 | 35. 00 元

序

你认为自己为什么会生在这个世界上呢？

“你认为自己为什么会生在这个世界上呢？”
如果你不知道，想想看：做什么能让你感到满腔热情？
你希望这个世界怎么改变，为什么？

现在社会中所谓的人生胜利组，
常常以个人的身价或能否嫁入豪门作为依据，
但那只是外在形式的认同，
重点是：你是否认同自己这一生的付出与成就呢？

如果你对现况感到疲倦，想重新找到努力的动力与生存的勇气，
那更应该去觉察：什么才是你生命中最重要的事情？

如果光是在别人的眼中寻求成功、幸福、快乐、富足的定义，
这只会让你如失根般在人生的海洋中漫无目的地漂流，
最后只为了存活下来就耗尽了大半辈子的力气。

到底要如何才能看见此生的使命，
进而毫无顾忌地“做自己想做的事”呢？

你必须先深入内心世界，问问自己：我到底想要什么？
事实上，“想”这个字还不够强烈，你必须全心全意地渴望。

这个在你灵魂深处、你非常渴望的东西，是你独享的，
而每个人也都有他们各自不同的冀求。

有些人永远在生命中浏览别人的成功，
心里却对自己无法获得相同的成就而觉得十分懊恼。
为什么会有这种感觉呢？
因为他们不相信自己也有实现梦想的能力。

坦然面对自己最原始的渴望，别再轻易将成就拱手相让。
唯有忠于自己的人，才能让原生性格创造一生的价值，
那是你诞生于世的唯一使命
——实现你自己！

Be yourself,Don't worry about what others think!

by长泽玲子in东京。

目录 CONTENTS

POST

目录 CONTENTS

Your time is limited,
so don't waste it
living someone else's life.
~ Steve Jobs

01

即使登月不成，你仍在繁星之间

一心求胜应该是所有比赛中参赛者的唯一目标，
可是，过分看重比赛的胜负是正确的吗？
记分板上的分数和尽力而为的辛劳，
何者才重要呢？

为了追求更多的成就，
这种强烈追求的企图在心中生根发芽，
操纵了你的生活与灵魂。

事实上，
尽力准备的一场PPT演示，
应该比一间豪华的办公室更珍贵；
用心教养出一个诚实体贴的孩子，
比训练他成为一部考试机器更重要。

胜败乃常事，不必人人都要抢着登月，
只要尽心尽力，
生命依旧星光点点、美好灿烂。

02

每一天都是一个新的开始

当你在面对挫折的时候，
放弃往往是最容易选择的一条路。

爱迪生的工厂曾经因一场大火付之一炬，
损失了难以估计的设备和所有的实验心得。

隔日清晨，他在检视焦黑的余烬时说：
灾难自有存在的价值。
我所犯的错误已被全部烧毁，
如今又能重新开始。

凡事可为，
用“再接再厉”重新检视人生，
每一天都是一个新的开始。

03

生命不苦，苦的是你的心

虽然，
生活有时确实很难熬，
但是，当你说：“日子真苦”时，
比起真正的重大意外，
可能只是一时的疲惫。

在生命中，
仍然存在着对你无私微笑的人，
和不断带给你希望或帮助的小事。

不必抗拒生活的一切，
抱着慈悲心看世界，
好人、好事俯拾即是。

Life is so amazing!

04

从今天起，做一个懂得说“不”的人

你是否常常顺应他人的要求，
将他人的需要放在第一位？

一个懂得说“不”的人，
或许无法照顾到每个人的需要，
或是符合自己在别人心中有求必应的形象。

不过，这样的人懂得坚持立场，
不会因陷溺于他人的需索无度中而备受压迫。

虽然开口向别人说“不”并不容易，
但这是了解自己底线、保护自己的好方法。

站出来保护自己的权利，
而非成全他人的需求，
才不会偏离自己的心而受苦。

05

忧虑只会为小事平添阴影

担心往往可以把一件没什么的小事
渲染成一桩大事，
如重石般压得你喘不过气。
时间一久，
你可能会变成一个习惯忧虑的恐惧狂。

“这有多重要？”
当你忧虑时，这是一个好问题，
帮你把注意力聚焦在正确的方向上。

你还可以思考：

“我目前可以做什么？”

走出阴影，让真相摊在阳光下，

原来这件事根本没什么大不了的嘛！

06

相信风水轮流转，一切就会开始好转

常听人家说：人生中的低潮是高潮的前奏。
你是否也曾怀疑过这个说法？

不过，与其为了身陷低谷悲叹自怜，
不如明白：生命中的曲折起伏原本就是自然现象。

一旦面对顺境、逆境都能平常心以待，
再大的波涛在你眼中就会变得微不足道。
因为，不论现在的命运有多坎坷，都不会持久。

当你开始相信风水轮流转的自然规律，
遇到一点点坏事，自己摸摸鼻子就算了，
遇到一点点好事，就是开始好转的征兆了！

07

想获得真诚的爱，必须先真心接受自己

大部分的人都只愿意展现出自己“阳光”的一面，
而把恐惧、脆弱、不自在、羞愧、愤怒藏起来。

不过，只表现一部分的你，
就无法让人认识你的全貌，
假面的你，自然也会与真诚的爱保持距离。

有时候，你必须先经历脆弱，才学会坚强；
面对恐惧，才心生勇气；
接纳自己“阴影”的一面，
心的“天秤”就不会失衡。

这时，别人看见的是真实的你，
爱你的人也是爱着真正的你。

Love yourself
completely.

08

像小乌龟一样收敛自己

当你感到压力、冲突大到难以负荷时，
你知道何时应全身而退吗？

当你处于迷惘混乱中，
内在的矛盾会投射到外在的行为。
因此不但无法解决问题，
反而可能使情况更加恶化。

这时，不妨学习小乌龟的智慧，
缩回内在、调和呼吸，
安静地反思片刻，
让身心回到放松的状态。

给自己一段深呼吸的时间，
就是给心储蓄能量的充电空间。

09

死亡绝非意外，而是生的一部分

有个人的离去让你放不了手、放不下心，
时不时沉浸在失去的痛楚中，不能自已。

一个好好的人，突然间消失了，
要接受他的“不存在”，
的确非常困难。

与其沉痛面对死亡，
不如把注意力集中在你们共有的美好回忆。
在泪水中交织欢笑，
让泪有价值地滑落，
为了那段再也无人能取代的曾经。

唤回生的价值，
自然能延展死亡的意义。

10

与其祈求生活平安无事，不如学习以生活为师

希望生活顺心如意，
是每个人的祈求，
不过，如果凡事皆有快乐的结局，
任何人际关系皆完美满意，
那么人生将会变成什么样子呢？

一如高尔夫球场中有池塘与沙丘，
因此能在不同场景里恣意享受打球的乐趣。
如果只是在一望无际的草地上挥杆，
就会失去磨炼技巧的机会。

与其祈求生活平安无事，
不如学习以生活为师。
自问：“我可以从中学到什么？”

让生活中的酸甜苦辣，
丰富你生命的厚度。

11

对那些爱唱反调的人，以不变应万变

不论是你的客户、老板或家人，
有些人总会让你血压升高、火冒三丈，
说实在话，和我行我素的人相处绝非易事。

要如何与这种人相处，
又不臣服于无理的索求呢？

如果你常陷于和他人的“控制争夺战”中，
在对方开火的时候，
不必回应，不必还击，
要以不变应万变。

不如让有控制欲的人继续浪费他们的力气，
你把精力省下来用在更重要的地方。

12

一切都过去了，是该往前走的时候了

如果把过去揽得太紧，
会使你的双臂因空间不足，
而无法拥抱现在。

令你耽溺的“过去”，
或许是一个曾经伤透你的心的人，
或许是一次导致严重后果的失误，
其实早与现在毫无关联了，
是你让他影响至今甚巨。

当你又沉浸于往日的伤痛中，
大声告诉自己：
一切都过去了，我再怎么想也于事无补，
现在是该往前走的时候了。

历史永远无法改写，
但你可以用今天与明天写下崭新的一页。

13

不值得尊敬的人，说的话也不值得留意

你时常为了避免别人的评论或批评，
想要得到他人认可，
而修正自己的想法或感觉。

如果这种杂音让你感到不安，
你可以试看看以下方法：

拿一张纸，

在左边写下你所尊敬的三个人的名字；

在右边写下你曾经遭受的批评。

看看记录，

自问：“我所尊敬的人中，是否曾如此批评过我？”

如果这些人对你缺乏意义，

这些话就无法发挥任何影响力。

14

用信赖的精油，舒缓人生的焦虑

事实上，每个人在承接工作或责任的时候，
或多或少会感受到某种程度的恐惧。

即使平时自信满满、实力坚强的人，
心中也会残存着怀疑与不安。

告诉你自己：
我一定能胜任愉快。
因为我会竭尽所能，
让事情圆满达成。

一旦你愿意“相信”，
压力就会烟消云散。

只要先相信自己，
就能成为那个能被他人信赖的人。

I will become better.

15

努力去了解对方，就能因此被接纳

人最容易在无意识时，
埋下与他人的导火线。

即使并非出于原意，
仍可能因一时莫名其妙的反应
让火势一发不可收拾。

解决争执的唯一方法，
不是和对方辩论不休，
而是表现出寻求和平共处的意愿。

当揭露彼此的立场与底线后，
每个人都先向后退一步，
就能达成折中的协议。

妥协，
就是化停战协议为满足彼此的艺术。

Thank you for listening to me.

16

立下简单清晰的目标，享受达成目标的快乐

当有人问你：
“五年后的你，会在做什么呢？”
如果你心中没有答案，
也没关系。

最好的目标，
应该简单、清晰，并且容易达成。

例如：在午饭后好好午睡休息，
睡前为自己写段心情记录，
或者在下班后散步回家。
安然地享受达成目标的充实感。

让自己用心过好生活，
就是人生最大的抱负。

love

17

一点点不同的尝试，让每天变新鲜

你习惯每天吃一样的早餐，
习惯走同一个路线回家，
习惯坐在沙发上看同一个电视节目，
习惯和同一批人消磨时间。

虽然，遵循同样的生活路径
让你感到很自在、很放松，
然而这些周而复始的“习惯”
却阻挡你接受变化、成长的机会。

每天为自己做一点小小的改变，
和不同性格的人聊聊天，
喝喝看不同口味的饮料。
一点点小新鲜，
足以让生命出现全然不同的转变。

18

从悬崖跳下，才能长出翅膀

有时候，突发的危机大到让你觉得失去掌控，
你手足无措地跌落在泥沼里无助地仰望星空。

如果你试着相信，
每一种危机都有其意义，
就能走出因恐惧造成的举步不前，
看见自己确实有度过艰困的能力。

告诉自己：

不论这件事看起来有多棘手，

我一定有办法解决。

至少想出三个应对方案，

选出其中之一，马上付诸行动。

当你一再证明危机是提供快速成长的转机，

下一次，你会更快有效反应。

19

当你抽到一手烂牌的时候

当你人生中抽到一手烂牌的时候，
告诉自己：“这不过是一场牌局！”

勇敢地出牌，
以你所有的资源奋力一搏，
如果你明确而勇敢地让烂牌离手，
表示手中牌组的致胜几率更高。

问题之所以能迎刃而解，
并非全靠运气。

20

不必因任何人的想法而却步

当你失去信心的时候，
很容易会怀疑自己的天分，
降低持续挖掘潜力的意愿。

你可能会告诉自己，
如果我不能做得比别人还要好，
那又何必再试？

但是，如果不试试看，
你怎么知道自己不会做得更好呢？

其实，能否出名或成功并不重要，
重要的是，
你是否愿意再给自己一次机会？

Try your best !

21

每天微不足道的小事，能串成一生的幸福

有时候，你常在心中犯嘀咕：

“为了生活，即使不喜欢，我不得不做这个工作……”

“那太贵了，我负担不起！”

从你面对生活的态度，
可以发现某些预示着未来的东西。

可能是你做事的风格、对工作的投入程度、言行举止
——所有的一切都象征着你会拥有什么样的未来。
其实你看得见，只是你假装看不见。

所以，即使你现在的地位很渺小，
或者目前从事的工作是多么的微不足道，
不论是凡人或伟人，达成梦想的方法只有一个，
就是从那些你看不起的小事开始做起。

22

一个了解自己为何而生的人，是不会羡慕别人的

我所认识的每一个悠游于生命之河的人，
都相信同一件事：
自己是为了一个特别的理由而来到世上，
而这个理由就是他们目前正在做的事情，
因此对于当下的工作感到非常有价值。

你认为自己为什么会生在这世界上呢?
什么是你迫不及待想做的事情?
什么是你坚信一定要完成的事情?

一个了解自己为何而生的人,
是不会羡慕别人的。
相反地,他会以此当作鼓舞自己的动力,
一生忠于自己,幸福就是活出自己的使命。

23

人生中每件事都和学走路一样，你会怕但你一定做得到

记得幼时刚学走路时，
爸妈总是不放心地牵着你的手，
到他们终于放手的那一刻，你学会了走路。

长大了也是一样，

不必因为你在某些方面不是天生的领导者，

就认为自己是个天生的追随者。

因为人生中每一件事情都和第一次学走路一样，

即使现在你还做不到，但只要愿意去尝试，

有天你一定会觉得：“这根本没什么好怕的嘛！”

24

当你意识到自己在人生舞台上的角色，就能有所作为

当听到与自己不同的意见时，
你是否心想：“我还是别说自己的想法好了。”
当面对一些千载难逢的机会时，
你是否心想：“我还是不要和别人争好了。”

如果在发表意见之前，总是为了寻求认同，
那么你的想法就仅仅是别人观点的修订版而已。
如果遇到机会总是习惯退缩，
“只有你才做得到的事”就在命运中难产了。

每个人来到这个世界上，
都是为了扮演一个别人替代不了的角色。
如果你不扮演这个角色，为了在舞台上生存，
只好试图变身成那个不像你的人。

做主角比较快乐？
还是做替身？

25

一棵有生命力的树并不会被吹折树枝

假如你是一棵树，你会是什么样的树？
假如你是一朵花，你会是什么样的花？

每个人心中都有一棵像电影《阿凡达》中的灵魂之树，
顺从天命自然的规律，
损伤过后仍有复原的能力，
更会用生命去保护自己珍视的东西。

其实你的心里一直有一棵树，
复杂的思考会让你看不到它的存在，
用心连结就能感觉到。

26

不要对自己撒谎，
更不要屈服于任何谎言

每天晚上入睡前，

我都会反省今天的作为。

我告诉自己：

“这个不错！”、“那个很棒！”、“那好像不太好……”

在自我审视的过程中，
又成长了一些。

如果圣经中有第“十一”诫的话，
我希望是：“不要对自己撒谎！”
因为你的真实评价，
可以决定日后的成就。

如果你对自己都不能诚实，
怎么会诚实地对待其他人呢？
又怎能希望别人对你坦诚以待呢？

27

不必向第一名挑战，向昨天的自己挑战

当你遭遇阻碍时，
是否曾有过“因为我没别人那么聪明”的念头，
当你有了这念头，
潜意识立即会接受你比较笨的意念。

接下来凡遇人生的不顺遂，
就会把所有问题都推给“我就是没那么优秀”的想法来说服自己，
其实，你只是用“不聪明”的推托之词
在逃避“如何让自己更优秀”的努力过程而已。

当神想让一个人进阶之时，
必定会让你遭遇某些从未预料到的变故，
然后以你的反应来决定未来的命运是进步还是退步。

把自己和别人相比时，
只有自满或灰心而已，
根本不会从你的潜意识里产主自我成长。

因此，不必向第一名挑战，
只要持续向“昨天的自己”挑战。
你是最了解自己的敌人，
也是唯一能战胜自己的对手。

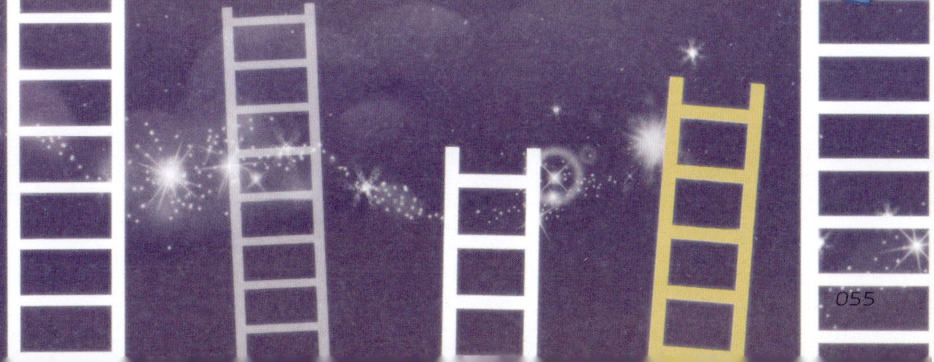

28

不论薪水高低都能求好做好，就决定了人生的或轻或重

“有多少薪水，做多少事。”

“这份薪水根本远低于我的能力。”

如果有这样的想法，

很容易就将薪水以外的种种宏大报酬都抛弃了，

对于工作也会开始故意采取一种躲避不及与越少越好的态度。

为什么有些人这么幸运，
在低微的薪水下工作多年，
一夕之间却魔术般地登上一个身负重任的高位？

因为在老板以极少的薪水相待之时，
他们正以超额的工作经验和办事能力，
不断寻求工作技能的进步
作为另一种永不消耗的补偿。

你投入工作的量与质，
可以决定整个生命之质。
不管薪水有多少，
对一切工作都愿付出至善的服务和至高的努力，
这种精神就能决定你可见的未来。

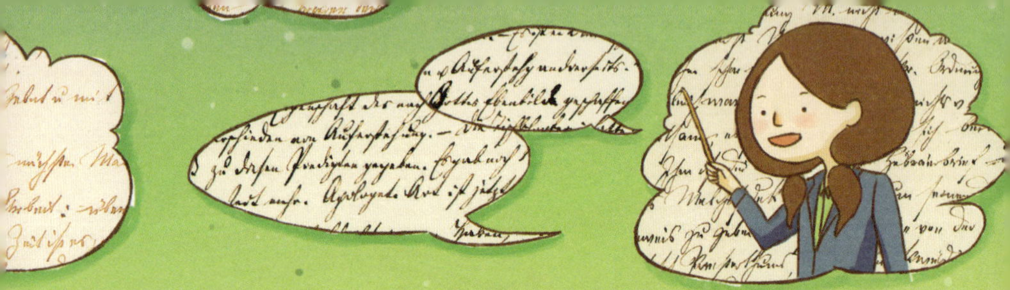

29

所思所想的只能是 你希望成为现实的东西

有些人认为，想象力过于丰富是十分危险的，
因为它会让人变得不切实际。
其实，想象力和你所拥有的其他能力是一样神圣的。

它能让你即使处于悲凉的逆境中，
也能转为继续投入的动力。

人生是靠希望来支撑的。
如果你是一个对未来充满信心的人，
你的前途也是目前肉眼所无法察觉的。

你就是自己思想的产物，
当你的精神专注于某一事物，
就一定能做成某件事。

30

人生的变故 足以引发一个人最大的潜能

许多企业家，
在历经巨大的不幸使资产挥之殆尽，
原先拥有的一切荡然无存后，
才终于看见自己的实力。

许多人直到能帮助自己的外力已然消逝，
或是生命中宝贵的东西都已失去的时候，
才终于看见自己的能力。

只有在你感到
一切的外援都已断绝的时候，
才能激发全部的潜力。

如果一天能得到外援，
就一天不可能发现自己的力量。

当你问：为什么我这么倒霉会遇到这种事？
提醒自己：你最大的力量、最大的可能性，
一直蛰伏在生命的内部，
必须历经事变、危难，方能唤醒。

31

如果你的方向是对的，即使全世界都反对你，也无法阻挡你

有没有一种时刻，

你觉得自己是与自然、宇宙同步存在？

有没有一种想法，

你觉得就算全世界都反对你，

你还是义无反顾地觉得那是通往前方唯一的路？

有些命定的时刻，
你有机会窥见自己的“内在”。
这种当头棒喝的经验，
可以劈开生命的一条裂缝，
看见你原先梦想不到的力量。

当你被这种与宇宙同步的力量推动或改变，
就像行星绕着太阳转一般无可抗力，
因为你知道这个方向是对的，
即使全世界都反对，也无法阻挡你。

32

一旦你能放空自己，便能控制忧虑和恐惧

如果你因害怕漏气而检查轮胎，
这是忧虑的良性作用。

但是，今天浪费你许多时间和精力去担忧的，
往往不是这类恐惧，
而是一种难以名状的焦虑。

其实，只要放空执念，
就能让自己宛如气球般，
顺利穿越乱流层，
轻松地往更高、更宽广的地方飞升，
那里不仅晴空万里，
还令人心旷神怡。

一旦你能放空自己，
忧虑和恐惧也会无所遁形。
当你找到确切的原因，
就能用具体行动铲除疑虑。

33

如果你身在一月，
千万不要幻想你身在二月

有些人往往有“生不逢时”的感叹，
以为过去的时代都是黄金时代，
只有现在的时代是不好的。

如果你能够生活于“现实”，充分利用“现实”，
不枉费心神去追悔过去的失败，
或沉浸在未来的幻梦中，
就比那些只会瞻前顾后的人更接近目标一步。

别再因为注视着天上的星光，
反而践踏了脚下的玫瑰花！
你必须借由一个快乐的旅程，
才能通往一个快乐的目的地。

34

寻找什么便会发现什么，这是人生基本法则

你的思想存在着同性相吸、异性相斥的力量，
当你相信秘密的吸引力，
这种吸引力就能为你所用；
当你认为唯物论才务实，
这份现实感也能为你所用。

重要的不是你感受到、遭遇到什么，
而是你认同的、相信的是什么。

只要你相信做这件事会发生奇迹，
这样走下去就能遇见奇迹。

35

不开心的时候，
不必逼自己强颜欢笑

不开心的时候，不必逼自己强颜欢笑。
你可以保持沉默，慢慢整理心情，
等到心情准备好再微笑以对。

对你的人生而言，
没有一个人的感受比你的感受更值得看重。

真实地面对自己，
是比真实地面对别人
更重要的事。

36

一旦懂得把握内在的力量，属于你的只有富足充实的生命

一位购买钻石矿场的大财主，
耗费了毕生大半积蓄却无法挖到钻石，
于是他将整个矿场转手易主了。

下一个接手矿场的主人，
同样耗费了大半积蓄也寻不着钻石的踪迹，
但他始终相信探测的结果，
结果居然挖到了金脉。

一旦你懂得把握内在的力量，
用专注力、意志力不断实践，
就决计与贫乏的生活无缘，
属于你的只有富足充实的生命。

37

抛弃每一根拐杖，自立才是力量的源泉

你认识的人当中，
有多少人在等待机遇？
他们隐约觉得，
会有什么事情发生，会有某个人帮他们，
这样就可以在没有充分的准备和资金的情况下，
为自己获得事业的开端，或是继续前进的动力。

世上没有比自尊更有价值的东西。
如果你试图不断地从别人那里获得帮助，
你就难以保有自尊。

如果你决定依靠自己，
独立自主，
就算一时的跌倒，
也能够很快地爬起。

38

愿望能凝结成决心才有用处

如果建筑师想到一个伟大建筑的蓝图，
却因想法未能完善，迟迟不下手规划，
那么伟大的建筑只是海市蜃楼。

如果作曲家想到了一个绝美的曲调，
却因为其他事情的牵绊，未能谱曲，
那么这首伟大的旷世巨作
也只存在于他一个人的梦中。

所谓的理想、愿望，
若是未能凝结成决心，
很快就会烟消云散成为梦一场。

把你的愿望像一颗种子般种进心里，
直至开花结果那天，
你会了解到，
就是这个愿望影响了你一生的命运。

39

失败是测定个人软弱度最好的装置

失败到底是幸运还是惩罚，
这要看个人对他的反应而定。

若你能够将失败看成无形引导命运的舵手，
并接受警讯，
把前进的方向调整到正确的轨道，
那么失败对你来说就是幸运。

若你将失败看作是上天对自身无能的暗示，
从此心灰意懒，
那么失败对你来说就是惩罚。

失败是测定个人软弱度最好的装置，
而且他会同时提供克服弱点的机会。

照这样来看，
失败永远是一种幸运。

40

一个懂得帮助别人的人，
必能成为
很富裕的人

假如你想变得有钱，
那就要拜托别人帮你赚钱，
同时也要去帮助别人致富，
那么你必定能成为很富裕的人。

如你想获得一个人的爱，
你应该告诉对方他是个值得被爱的人，
以行动来表示你有多爱他，
对方也会一天比一天更爱你。

如果你想获得众人的尊敬，
必然先尊重每一个人。

活在世上，
不是为了让世人知道你名片上的头衔，
而是在重要的人心中，
你是一个什么样的人。

41

不必担心绕道而行，
每条路都有它的出口

人们总说计划赶不上变化，
当计划生变时，你的第一个反应是什么？

当你没有完成设定的进度时，
第一个要问自己的问题是：
“我容许什么事来干扰进度？这件事是有意义的吗？”

你可能会因为不可预测的状况而受到阻碍，
但只要你仍然在既定的路径上行走，
依然可以透过第二天或过几天的加速进行，
最终会走到目的地。

然而，如果你纵容自己
被每一件好玩的事情所吸引，
或因琐事而逐渐远离目标，
你就没有任何借口。

衡量成功的标准并不在于你每天完成了多少进度，
而是你真正做了什么可以帮助你
实现目标的事。

42

寻找别人最好的一面，
展现自己最真的一面

当你独自看着镜中的自己时，
好好观察一下镜中的表情
是带着笑意的，或是面无表情，还是眉头深锁呢？
这能帮助你觉察这个时期的自己，
是心灵饱满，抑或心灵枯竭的。

再想想当你面对别人时，
是展露出相同还是不同的神情呢？

如果在大多时间里你都能如实呈现心中的情感，
恭喜你，你身边必定有知交常伴；
如果你总是表现出反差甚巨的自己，
当你背离己愿的同时，也很容易感到被命运之神遗弃。

好好试着端详你的脸，
里头有千言万语的故事等着你去读，
当你专注于己时，
就没那么多时间去注意到外在的丑恶与纷扰。

有时候，成为自己的一面镜子，
比成为别人的镜子
更有所获。

43

你并不是一个人活在这个世界上，只要你愿意向外求援

即使你拥有再大的力量，
也不可能徒手把自己举起。
但如果能倚靠别人的力量，
就有可能。

当你孤立无援时，要先察觉到：
你并不是一个人活在这个世界上。

只要你愿意向外求援，
必会有人愿意伸出援手。
让你原本以为不可能的事，
也变成可能。

When love is lost
don 't do sadness
Use happiness to wipe out
negative emotions.

44

当别人对你的行事作风有所评论时，不必时刻惦记于心

当你知道朋友遇到困难时，

会默默地陪伴在一旁；

还是想用自己的观点帮助及改变对方，

朝着你认为比较好的方向前进？

然而，你可能察觉不到的是：

此时你给予的建议，

响应的是自己的需求，

而不是对方的需求。

同理，当别人对你的行事作风有所评论之时，

也不必时刻惦记于心，

因为他说的大多是他当下面临的窘境。

45

有些东西你想要而没有，这就是幸福不可缺少的一部分

一个拥有一切的人，

在某种意义上是很贫穷的，

因为如此他就很难理解希望和梦想的感觉。

就算你没办法买那个包包，

没办法出国旅游，

无法过着心目中理想的生活。

即使缺少这些东西，

心灵也不可能会因此崩落，

甚至会有意想不到的惊喜能填补空缺。

当你缺少一些东西时，

人生反而充满期待。

而那些取而代之的东西，

才是让生命闪闪发光的原因。

46

不要问“何时才能开心？”，应该问“如何才能开心？”

不要问“何时才能开心？”
应该问“如何才能开心？”

是选择自己喜欢的、薪水少的工作开心，
还是选择自己不喜欢、薪水高的工作开心？

任何行业、工作都无谓好坏，
唯一的差别只在于“你到底喜欢什么？”
“从事什么样的工作，能让你感到真正的幸福快乐？”

有时候，或许你不得不牺牲一点快乐，
去换取目标的实现，
与此同时，其他能为你带来实时幸福的事物，
就静静地躲在生活的小小角落中。

47

**不要问自己想要什么，
要问自己
最不能失去什么**

Just for you

在每个人的心中，
无数理想和愿望常常都并列第一。

“我希望能遇到一位新好男人。”
“我希望可以找到一份稳定又福利好的工作。”
“我希望自己今年可以达成所有愿望。”
如果你是负责倾听的神灵，
分得出这其中的轻重缓急吗？

找出自己当前最想完成的目标，
当你展现出强大的决心与努力时，
宇宙自然知道该如何响应你的期许。

不过，
不论想拥有什么，都不能失去自己。
不论失去什么，至少你还有自己。

48

拿别人的幸福作参考，就会偏离自己人生的轨道

在你眼中，
是否觉得别人都比自己过得幸福快乐呢？
当你想到："他有什么，我也应该有！"
"他因为拥有这些东西，所以比我幸福！"

人最大的悲哀，
就是在别人所谓的"快乐"中
不明不白地虚度年华，

如果想找回人生的主轴，
其实只要简单问自己一句：
"十年后，我想要成为一个什么样的人？"

用未来的自己替现在的自己定位释疑，
就能远离他者所带来的影响与困惑。

49

人需要的很少，想要的却很多

有时候你的心好像是世界上最矛盾的东西，

如果心想要翱翔天际，

抓住星月般的梦想，

就更需要一个平实安稳的起飞跑道。

虽然被别人记得，被别人相信，

偶尔感到很幸福，但那只是短暂停留的余韵。

如果做任何事，你能理解自己、问心无愧，

外界的声浪就不重要了。

因为人真正需要的东西很少，

其他的，都是拿来炫耀的……

DREAM

50

少要求一点点，可以带来更多

你每天的时间都被安排得满满的，

根本没有心情去思考如何享受生活。

工作确实是做不完的，
责任也是难以完全了却的。

不过，
如果你能少要求一点点，
让生活变得简单一点点，
就能将多余的包袱抛到九霄云外。

一个身负重物的人，
是无法顺利游到对岸的。
而时间上的富裕
远比物质上的富裕，
更能让你幸福得多。

51

如果有你办不到的事，这也是理所当然的

无论你怎么努力，始终都没有成果时，
就告诉自己：
如果有你办不到的事，这也是理所当然的。

当你知道有人不是那么欣赏你，
就告诉自己：
如果有些人不喜欢你，那也是理所当然的。

就像厨师擅长烹饪、工程师只会设计、艺术家只会创作，
如果叫厨师去设计、艺术家去掌厨、工程师去创作，
或许办得到，但就算办不好，也是理所当然的事。

其实没有必要对自己太失望，
因为每个人都不一样，
但其实每个人都很棒！

52

无所事事也有无所事事的价值

等待，似乎是现在大家最害怕的一件事。
当朋友告诉你：
“等一下，我五分钟就到了！”
接下来的这五分钟，
你会不时察看手表、检视手机来电、
望向对方可能出现的方向，
你局促不安地感到这五分钟好像比五十分钟还漫长。

其实，等候并非只是迈向未来的序曲。
你应该庆幸自己在这段时间里有点余裕，
好不容易慢下来的时光，有好多事可以想、可以做。

花点时间静静守候，和你的心在一起，
就算无所事事，也有无所事事的价值。

53

去做，那些别人劝你别去实现的梦

你是否有盲目“听信”别人的话的时刻？
其实真相是，
他人所言往往大多也是从别人那边“听”来的。

如果你真的有心想完成一件事，
千万不要随意“听信人言”就放弃。

假如周遭的人都劝你不要去做某件事，
甚至嘲笑你根本连想都不该想，
这件事可能成功的机会就越大。
世界上从没有人倚赖“从众”而成功。

每个人的想法与天分都全然不同，
他们的经验不应该成为你绑手绑脚的托辞，
因为他们看不到你眼里看见的价值。

54

做好自己，就不必刻意证明自己

常常担心“我是不是做得不够好”的人，

大多是习惯“想太多”的人。

虽然有机会成为他人眼中的佼佼者，
但每天为了扮演别人“期望”中的角色，
过度斟酌言行的结果，
就是活得好累、好累。

事实上，
根本没人会记得你今天说了什么、做了什么，
因为每个人都只会把焦点放在自己身上。

好胜心，要用在对的地方，
尽力了，
实力会带你到应该抵达的地方。

55

把注意力拉回来，放在自己身上

如果有件事，你怎么努力都达不到，

可能会想：

“因为我的资源不够。”

“因为我不像别人那么有天赋。”

“因为我太多事要忙，没时间全心投入。”

把注意力拉回来，
放在自己身上。

阻挡你成就的往往不是“已知”的事情，
而是那些“已知”却根本不正确的想法。

努力的人永远不会出错，
只要找到导致出错的那个“意念”，
消除在你心中长期潜伏的经验，
搬开了无形的大石头，
有形的世界就能畅行无阻。

56

直接说出心中的想法，不合逻辑也没关系

如果你怀着“我想想要怎么说”的想法，
却让彼此的沟通没有成功，
还不如一开始就脱口而出
心中真实的想法。

“我这样说，他会很受伤！”
“这样讲他，他一定会生气的啦！”
结果是，你没说出口的意图，
反而让人更生气、更受伤。

对你想沟通的每一个对象坦然以对，
不是为了对不对、好不好、接不接受，
是为了让他直接了解你的感受。
至于对方要怎么反应，则是他的自由，
你也有表达真实情绪的权利。

说出你的真心话，
就算不合逻辑也无所谓，
因为拐弯抹角只会让事情变得更复杂。

57

离开那群让你感到“好无聊”的朋友

不是每一种忍耐都会换来好结果，
至少这在人际关系中完全不适用。

如果你觉得对人疏远很失礼，
但明明不喜欢、还假装很喜欢的样子，
还把时间浪费在你觉得“好无聊”的人身上，
渐渐地，
你的生活就会被这种无聊的人事所吞噬，
因为你没有把时间留给“最喜欢”的人身上。

减少和那些让你很无感的人的交流，

把时间拿去多认识能让你心生共鸣的人。

这样真诚的你，既对得起自己，

更能让那些人有机会认识属于他们的朋友。

58

拒绝让任何垃圾车靠近你的人生

每当你提出一个想法时，
就面露难色的朋友，
这种人还是和他保持距离、以策安全比较好。

因为有些人习惯以自己的“负面经验”考虑
去加以“解读”他人的话。

明明你只是说了一个构想，连做都还没做，
就告诉你这不可行、那不可行的人，
只会让你想一直待在安稳的舒适圈，
或是“满足他希望”的范围内，
无法助你人生更进步。

做人的最低底线是，
千万不要让自己成为这样一部
发臭的垃圾车。

59

把钱挥霍在美好“持久”的事物上

果你花钱时会感到罪恶，

就代表连“心”都在强烈告诉你：

“即使拥有这件东西，也不能带给你快乐。”

如果你花钱时感到身心舒畅，

甚至与他人的情感更凝聚，

就代表“心”正在告诉你：

“这笔钱花得好值得！”

花钱买享受这件事本身并没有对错，

关键是，

这能满足你的“欲望”，

还是填满你的“心”？

60

让一个人更强壮的关键，是放松

风行全世界的瑜伽运动，
不论你之前做了多么高难度的动作，
最后总有一个“大休息”的姿势作为结束。

大休息时，
你会全身放松地平躺在地，
全然把自己的重量交给大地。

因为无须用力，
而能体验到完全的平静。

其实不论任何时刻、在做什么，

你都可以让身上僵硬的部位一点一点地放松。

别忘了唯有懂得松开双手的人，

才能握紧拳头，继续奋战到最后！

61

与想象中的美好关系说再见

为什么人们明明就知道童话不存在于世界上，
仍不放弃寻找所谓的王子或公主？

因为只要幻想出一个理想的对象、一段理想的关系，
自己就不用为此付出太多代价。

不过，如果你害怕受伤或得不到回馈，
而不敢轻易付出，
只会让原本的理想关系“生变”。

其实，美好的情感关系并非不存在，
当你愿意付出、对方也愿意接受的那一刻，
爱的印证即永存于时空中。

62

别让小时候的情境复制贴上一辈子

你是否常常告诉自己：
“要做完……才能……”
“这样不行！”“为什么你表现得这么差！”

还是你比较常告诉自己：
“我喜欢这样的你！”“我觉得你表现得很棒！”

想一想，其中是否有些话，
和小时候爸爸、妈妈对你说的话很像。

小动物会模仿父母的求生方式，
你也会不知不觉中感染到父母对你的评价方式。

现在你长大成人了，
可以自行决定要用“爱自己”或“责备自己”
来对待心中那个还没长大的小孩。

63

不管你做了什么，这些事都会同样发生在你身上

或许你尚未察觉到：
你对别人展露微笑的时候，
别人也会以笑容回应。

当你打从心底讨厌某个人的时候，
那个人通常也看你不太顺眼。

人跟人的关系，
其实没有那么复杂，
一切都取决于你当下的态度与响应。

不过，不管你做了什么，
这些事都会同样发生在你身上。

64

地球并非绕着你转，但你可以把自己排在第一位

你难免会遇到以下情况：

明明今天就已经特别提早出门了，

却还是因交通事故而迟到；

早就已经交代过他的事情，

却还是被忘记了搁置一旁。

每天的生活中充满着大大小小的“变故”，

因为地球并非绕着你转动，

不可能每个人、随时随地都以你为优先。

不过，至少在能力范围内，
你可以优先考虑自己的想法与感受吧！

如果连你都不看重自己，
世上就没有人会真正看重你。

65

没关系，该休息时就好好休息

在山边的溪流中看见无数的小鱼“逆争上游”，

有些小鱼奋力地游过了湍流，

有些小鱼却被湍流冲击得筋疲力尽。

如果看见这样的小鱼，

你是否也会想对他说：

“休息一下也没关系吧！再下去你会承受不住的。”

这是你最需要

对着每天被工作、生活追赶得疲累不堪的自己，

说出口的一句话。

66

选择自我的人，人生就会简单很多

当你遇到好好吃的美食时，
脸上就压抑不住“这个怎么这么好吃！”的惊喜表情；
吃到不合胃口的东西时，
脸上自然会出现“三条线”的痛苦神情。

用面对食物的表情，
真实地面对自己，
也面对身边的人。

你喜欢的人事物就会自然向你靠近，
你不喜欢的人事物也会自然逐渐远离。

67

你能活多久，
何必再浪费自己的人生

虽然说出来非常残酷，
但确实每天都有层出不穷的意外发生在你的人生中，
甚至接连带走身边最亲密的人。

当下尽管伤痛难抑，
也想过要好好珍惜当下，
但假以时日后，你又被时间麻痹了感知，
觉得有些事就算现在不做也没关系。

其实，最能帮助自己辨别眼前事物轻重的方法，
就是问自己：“你还能活多久？”

虽然实际上这是个无法回答的问题，
却能提醒自己：“那些事不做会后悔一辈子？”
那就是你现在刻不容缓马上要去做的第一件事情！

68

让头脑休息一下，就能听见心的声音

当你手足无措、不知下一步该怎么做时，
现实生活中常充满各种喋喋不休的杂音，
告诉你：“该怎么做才对”、“该怎么走才好”……

通常首先浮出台面的是属于担忧的杂音：
“这样做，比较能获得大家的认同吧！”
不过，这并不是你心底的答案。

当你深呼一口气，慢慢地把杂音排出脑海，
慢下来，才能听见发自内心的直觉：
“这样做，符合我努力的初衷吗？”

最深层的感受，
往往最慢才释出。

给自己一点等待聆听的时间，
如果是你“最想要”的东西，
过一段时间，他还是会留在你心底；
如果不是，过一段时间，
他就会变身成“不想要”的东西，
让你看清晰。

69

勇于承认心中的梦想，就能心生力量

当别人对我们表现认同时，
会心生力量，
一旦这份“信任”消失、被剥夺，
无形的支撑力也不复存在，
甚至会有失落感。

既然如此，
与其选择依赖别人的“信任”，
何不优先“信任”你自己？

放手让自己去做你一直以来就想做的事吧！
当支撑人生热情的力量源于自己，
再也没有任何人可以剥夺你的“相信”。

70

失去对爱的信仰之时，就是看见真我之时

因为他的一句称赞，

让你宛如置身于人间仙境；

因为他的一句无心批评，

你又宛如掉入地狱。

如果爱总带给你患得患失的心情，

或许在这段关系中你并不够爱自己。

如能看清自己在爱中的映射，

就知道往哪个方向转化

能重拾对爱的信心。

71

有解放自我空间的小小自由

工作时，

总有见不完的人、处理不完的事、说不完的话；

回家之后，

仍有做不尽的家务、看不完的电视节目、逃不了的责任。

大多时候，你都是一个人和全世界战斗，
不过大多时候，你都不能只顾自己一个人。

偶尔，也要陪陪自己……
一个人去咖啡馆、看电影、散步，
一个人回房间听听音乐、看看书或杂志，
关起门，享受一个人的全世界。

感受只有自己和自己在一起的时候，
（就像和内在的自己谈恋爱一样）
是最能拥抱自由的片刻，
也是你真正全然敞开心房的珍贵时刻。

72

没人能带走你内在的东西，它一直在你心里

如果你想追求一样事物时，

心中想着：

“如果我拥有它……我就会很幸福。”

等得到的那一天，

或许你一点也不幸福。

当你开始想“得到”的时候，
这种意念就像紧箍咒一样，
让你的神经越绷越紧，
让你的心越来越无法呼吸，
失去了氧气的心，不论多么富足，依旧喘不过气。

因为你心里缺乏的东西，
永远不可能从外面求得，
如果它原来就在你心里，
那么它就会永远和你在一起。

73

因为在乎，所以才有争吵的可能

因为彼此一时的意见不合，
有了心理上的疙瘩，
而产生不可避免的冲突。

虽然在争锋相对的当下，
彼此的心里都很不好受，
不过就是因为“在乎”对方的认同，
才有争执的必要。
（你并不会随便跑去和一个路人争吵。）

有一个能够争吵的对象，
是一种幸福，
不论最后是否达成妥协，
还是各说各话，
都比无话可说的冷漠，
更值得欣慰。

因为在乎你的人，
才会在意你的话。

74

实现自我，不要做自己的绊脚石

不论任何人告诉你要完成这件事“不可能”，
都不会比你告诉自己“不可能”更有说服力。

不论任何人告诉你要完成这件事“有机会”，
也不会比你告诉自己“有机会”更有说服力。

这样看来，
所谓外人的想法、命运的阻挠、大环境的不景气，
和你的目标是否能达成，
根本没有直接的关系。

曾经失败过一次，确实会让人很灰心，
但如果我告诉你：
“那些最后能爬上山顶的人
都曾经失败过十次以上。”
你是否愿意继续尝试？

75

人生不怕犯错，只怕不曾错过的一生

当你要去做一件事之前，或完成这件事之后，
心里偶尔会有“我是不是错了”的回音。

所谓的成功与失败，所谓的赢家和输家，
不过是外在的比评。

实际上的你，
已经吸收了多一次的经验，
让现在的自己多一些的体悟。

实际的输赢，只有你知道。
如果曾经错过的人就是失败者，
那谁是成功的呢？

76

爱一个让你自由的人，而非限制你的人

自由诚可贵，爱情价更高。
于是你以为爱情中若有太多的自由，
只会贬低爱情的价值。

事实上，
懂得在爱中给自己、给对方自由的人，
通常是懂得如何爱自己、爱对方的人。

因为在爱情还没来到你的生命之前，
你本就享有一个人的生活，
在爱情降临之后，你又获得两个人在一起的生活，
这是因相恋加乘的人生；
如果你放弃一个人的生活，或要求对方放弃他的生活，
这是因相恋而失去的人生。

不成熟的人，希望从拥有中得到幸福，
成熟的人，总能够从放手中得到幸福。

77

偶尔小酌，换一点不清醒的时光

因为你常常要求自己“头脑要保持清醒”，

有时候却因为要思考的事太繁杂，

而始终想不出头绪。

偶尔让自己静下来，
看似脑袋放空、两眼发直，
实际上，
心空不出来，
走起路来仍感沉重。

如想好好地放松，
不如偶尔小酌一下，
让酒精稍微掌控你的中枢神经，
这时才发现，
原来不清醒时，
才能真正悟透一些原本想不透的问题。

78

两个人都能享受独处的时刻，那种爱才爱得深

“你是我的全部。”

“你是我生存的原动力。”

这种爱的呢喃反而会给对方沉重的压力。

如果你想与“一生的爱”邂逅，
就应该好好寻觅自己的世界。

只有懂得享受独处的人，
才不会将自己的不满归咎给对方。
他能够一方面了解对方的缺点，
一方面又寻找出对方更多的优点。

能学会独处的两个人，
才能一直深爱着对方。

79

每个人都有自己的归宿，不必解释也不要干涉

过了一定的年纪以后，
如果别人问你：
“你为什么还不结婚？”
“你不想在三十岁前生孩子吗？”
老被问多了，难免觉得烦。

“只要你知道自己在做什么就行了！”
别人口中所谓最好的安排，
未必对你是最幸福的选择。

只要你心里明白：
每个人都有自己的归宿，
你知道你自己想走的路。

80

“一直不想做”就“干脆不要做”

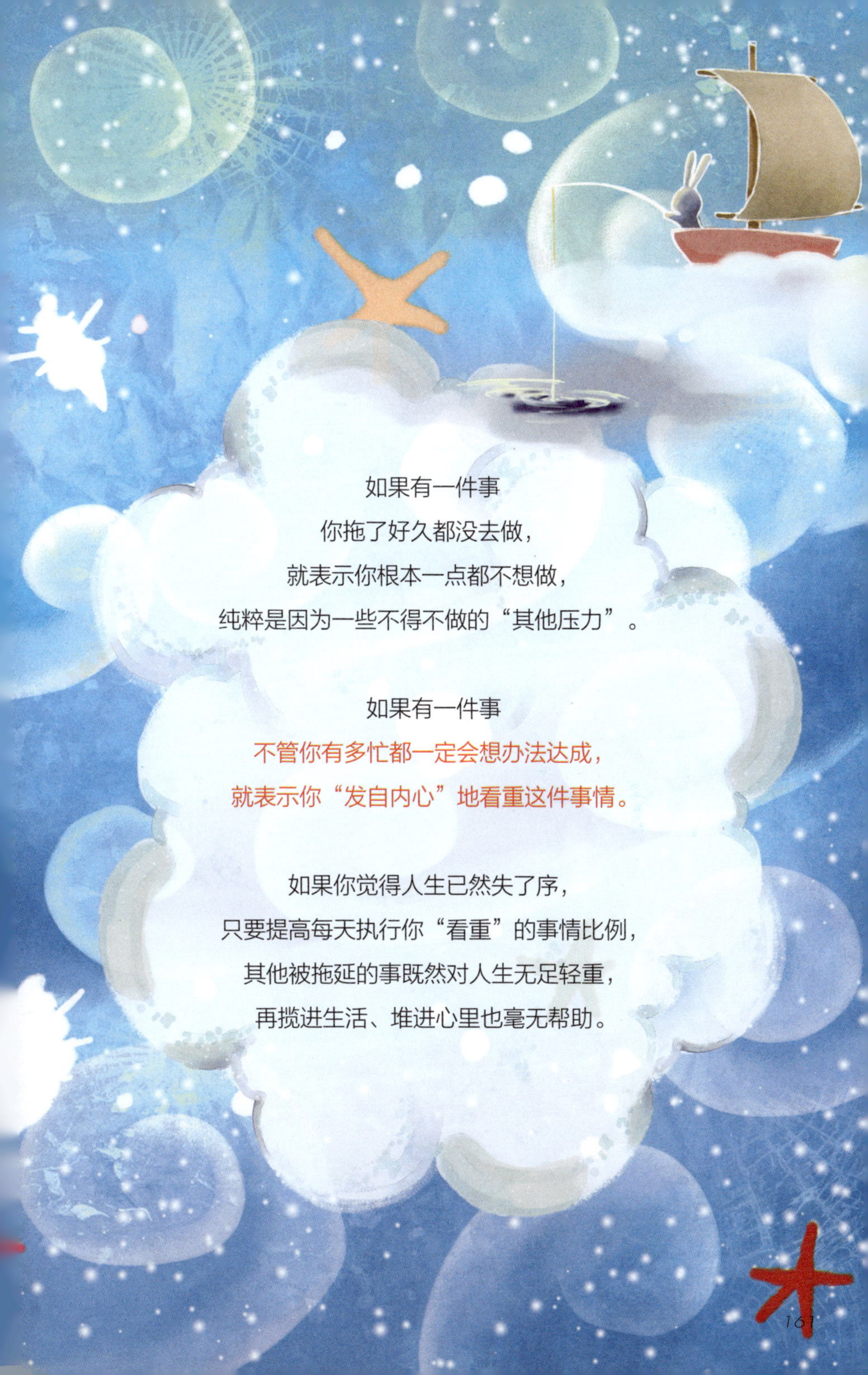

如果有一件事
你拖了好久都没去做，
就表示你根本一点都不想做，
纯粹是因为一些不得不做的“其他压力”。

如果有一件事
不管你有多忙都一定会想办法达成，
就表示你“发自内心”地看重这件事情。

如果你觉得人生已然失了序，
只要提高每天执行你“看重”的事情比例，
其他被拖延的事既然对人生无足轻重，
再揽进生活、堆进心里也毫无帮助。

81

想办法放开一切，去享受一个人的旅行

在你追求梦想的道路上，
难免走在不确定是否能抵达的蜿蜒小径上。

别担心，当你的心不知遗落在哪里时，
想办法放开一切，
去享受一个人的旅行吧！
这是一段能帮助你找回自己的内在之旅。

就算放不下，
也可以用“旅行”的态度重新看待生活。

其实你只是“经过”这些地点、这些人、这些事，
心就能不自觉的轻盈，
待心中的迷雾散去，
就能看见生命方向的指标。

82

不必按捺想法，只要不被感觉左右就行了

你的心就像是一潭宁静无波的湖水，
当你感受到沮丧时，
天上的乌云密布就会映射在心湖上，
心湖清净的本质却不曾改变。

当你感受到快乐时，
晴空万里的阳光也会照耀在心湖上，
湖光闪闪更显出心湖原本的纯净透亮。

不论现在的你
正在担心、烦恼些什么，
这些情绪、这些思绪不过是一时天空的映射，
不必因此跳下去搅乱了一池湖水。

因为你只是一个默默在旁欣赏湖光山色的旅人，
如此罢了。

83

亲近寂寞，品尝一个人的快乐

你有时会担心一个人的时候，
不知该做些什么好吗？

为了避开这种一个人的尴尬时刻，
你埋首于手机的讯息中，
或是总有想打电话给谁、要赶着去做什么的冲动。

因为习惯了有人相伴，
一旦寂寞降临就分外紧张，
难道和自己在一起真有这么可怕吗？

一个人的时候，
你可以随着自己的节奏走路，
也有空可以想一想
那些人、那些事、那些过往、那些未来。

一个人的时候，其实比两个人的时候，
更容易感触良多，更容易心生灵感，
原来一个人的寂寞也可以很快乐、很难忘。

84

不论到几岁，都要继续挑战

小时候，你看到什么都会跃跃欲试，
长大了，你看到什么反而会先想：
“这会不会有风险啊？”
所谓的天赐良机，
很多时候就在犹豫不决中溜走了。

因为成长过程中一直被大人教诲：
“做任何事之前，要先想一想。”
想太多的结果就是什么都不敢做。

如果你有几分聪敏，

就把那几分聪敏放在最后吧！

有挑战的人生才有想不到的进阶，

与其一直走在平坦道路上，

不如爬上山坡才能看到难得一见的美景。

85

问自己：“我能为你做什么？”

每天忙得喘不过气的空档中，
你总一心安排着：“我等下要去做什么……”

好不容易拥有休息的时间，
又一心想着：
“等下要拿老公的衬衫到洗衣店干洗……”
“儿子的回家作业还没看……”
“女儿的芭蕾舞衣还没洗……”

要等到什么时候，
才有时间“为自己”想一想呢？

下次想照顾别人之前，
先问问自己：“我能为你做什么？”
马上当成第一要务去完成。

能够好好照顾自己的心的人，
就能好好照顾别人的心。

86

好好接纳每一种
来到你身边的缘分

“为什么只有我会遇到这种事？”
“为什么我会遇到这种人？”
我常常会听到这些话，
但关于“我觉得自己很幸运”
这类的想法却相对地很少。

如果遇到很好的对象，
你会想：“希望他能一直陪伴着我。”
如果遇到差劲的对象，
你会想：“我现在只能靠自己了。”

每个人生的际遇，
都是一种转化的帮助，
只要全心接纳，内心就会涌现力量。

当你的心转变了，
不好的缘分，也能转为天赐良缘。

87

原谅自己："谢谢你让我成长！"

经历了一些年岁之后，

你的心可能越来越轻盈，也可能越来越沉重。

认识了一些人以后，

你的心可能越来越开放，也可能越来越紧锁。

决定心的轻与重、开与锁的，
其实都是你。

不论曾经遇见多么讨厌的人、遇到多么糟糕的事，
要能以谅解的力量真诚地告诉对方：
“谢谢你让我成长！”
不论你未来会面对什么，都能放心以对。

重要的是，在面临难关时，
也要告诉自己：“谢谢你让我成长！”
本来沉甸甸的心，也能轻盈飞翔。

88

结合兴趣与天赋的人生，就是值得的人生

“每天工作超时，没时间投入喜欢的事。”
“每天为乏味的工作卖命，没力气去思考我想要的生活。”
如果这都可以成为你不想面对自己人生的借口，
接下来的五年、十年……
即使没有超能力，
你都能预见自己的未来。

“什么事你不必花太多心力，就能做得比谁都好？”
“什么事让你投入后，即使废寝忘食也甘之如饴？”

与其卖命赚钱，
不如用兴趣与天赋
经营一个“更值得”你拥有的人生。

Just Do it !
The World is what you make it.

Just Do it !
I am the master of my fate,
I am the captain of my soul.

U.S. POSTAGE SERVICE

U.S. POSTAGE SERVICE

Just for You
Yes, today, everything is going to be great!

Just for You
It doesn't matter how many times you fail;
what matters is how many times you stand up and try again.

U.S. POSTAGE SERVICE

U.S. POSTAGE SERVICE